James Lewis

Original designs in architecture

Book I., consisting of plans, elevations, and sections, for villas, mansions,

town-houses, etc.

James Lewis

Original designs in architecture
Book I., consisting of plans, elevations, and sections, for villas, mansions, town-houses, etc.

ISBN/EAN: 9783742887412

Manufactured in Europe, USA, Canada, Australia, Japa

Cover: Foto ©berggeist007 / pixelio.de

Manufactured and distributed by brebook publishing software (www.brebook.com)

James Lewis

Original designs in architecture

ORIGINAL DESIGNS

IN

ARCHITECTURE:

CONSISTING OF

PLANS, ELEVATIONS, AND SECTIONS,

FOR

VILLAS, MANSIONS, TOWN-HOUSES, &c.

AND

A NEW DESIGN FOR A THEATRE.

WITH

Defcriptions, and Explanations of the Plates, and an Introduction to the Work.

By   J A M E S   L E W I S.

B   O   O   K   I.

L O N D O N.

PRINTED FOR THE AUTHOR. MDCCLXXX.

DISEGNI ORIGINALI

DI

ARCHITETTURA:

CONSISTENTI IN

PIANTE, ELEVAZIONI, E SPACCATI

DI

VARIE CASE DI CAMPAGNA, E DI CITTÀ;

CON

UN PROGETTO DI UN TEATRO.

PRECEDUTI

Da una Introduzione, ed accompagnati dalle neceffarie Spiegazioni.

Da   G I A C O M O   L E W I S.

L   I   B   R   O   I.

L O N D R A.

A   S P E S E   D E L L'   A U T O R E.   MDCCLXXX.

PREFACE.

AFTER fo many Books of Architecture, any frefh attempt to augment and illuftrate that Art, affords but an unpromifing afpect.

Many men are induced to conclude, that a fubject fo univerfally laboured, muft at length have been exhaufted, and rendered incapable of further improvement or novelty. The Work in hand, it is hoped, will fomewhat contribute towards diffipating fo illgrounded a prejudice ; which if cherifhed, muft infallibly put a bar to every future advancement of an Art, no lefs replete with utility than variety.

Like the combination of founds, which is capable of producing new mufic to infinity ; defign and invention in Architecture, applied to its firft elements, are in little danger of being exhaufted by the moft acute and perfevering genius that ever did, or ever will exift. Many treatifes have contained nothing more, than a different arrangement of the fame materials, and the very beft, have ftill left an ample field for the unlimited excurfions of tafte and fancy.

This Work is chiefly applicable to the erection of Edifices for private ufe, wherein convenience and cheapnefs, blended as much as poffible with ftability and elegance, have been the principal objects of attention.

Other Sets of Defigns, upon a more extended fcale, are referved for fubfequent publications, fhould this happily meet with the patronage of the Public.

PREFAZIONE.

UN nuovo tentativo per aumentare, ed illuftrare vieppiù l'Architettura, dopo che moltiffimi libri fono ftati pubblicati fopra di un tal foggetto, non fa certamente fperare una vantaggiofa riufcita.

Diverfe perfone naturalmente crederanno, che una materia così univerfalmente ftudiata fiafi finalmente efaurita, e renduta incapace di ricevere nuovi miglioramenti. La prefente Opera, che in fe contiene difegni intieramente nuovi ed originali, fi fpera che in qualche maniera contribuirà a diffipare un sì mal fondato pregiudizio; il quale, fe mai vien fomentato, chiude infallibilmente l'adito ad ulteriori avvanzamenti di un' Arte, la quale non folamente è r piena di utilità, ma è capace benanche di effer variata all' infinito.

Siccome la diverfa combinazione de' fuoni è capace di produrre melodia infinitamente nuova, così il Difegno, e l'Invenzione in Architettura, applicati a' primi elementi di quell' Arte, fono lungi dall' effere efauriti dal più grande, e più indefeffo ingegno ch'efifte, o che mai verrà nell' avvenire. Vi fono parecchi Trattati, i quali altro non contengono fe non fe una differente giacitura degli fteffi materiali ; ed i migliori tra quelli han lafciato tuttavia un vafto campo pei voli illimitati del gufto, e della fantafia.

La prefente Opera è principalmente applicabile alla coftruzione di Edifizj privati, nei quali fi è avuto riguardo fopratutto alla commodità, ed all'economia, uniti, per quanto è poffibile, con la fortezza, ed eleganza.

Un 'altra raccolta di difegni, che han per mira un piano più vafto, è riferbata pei fuffeguenti volumi, che faranno dati alla luce nel cafo che quefta prima Opera incontraffe il patrocinio del Pubblico.

INTRODUCTION.

CIVIL Architecture may be divided into two heads, private and public, Town and Country Houses, Mansions, Villas, and every Species of Building for the use of individuals are comprised under the first: Churches, Palaces, Theatres, Hospitals, and all kinds of national Edifices, belong to the second.

In building, strength, convenience and beauty are the principal objects to be attended to. Upon the proper and judicious management of these three essentials, depends all architectural Merit; the deficiency of any of them being scarce more liable to censure than its excess. Strength may degenerate into heaviness, convenience becomes futile when over nice, and decoration when too profuse, is apt to terminate in confusion. A System of Architecture formed upon these three principles in a due proportion, is best calculated to answer the end of the Art, and will approach nearest to the standard of perfection.

Architecture, though coeval with society, and cultivated by the most respectable nations of antiquity, did not receive any remarkable advancement, especially in the decorative part, till undertaken by the subtile and improving genius of Greece. Other nations, contented themselves with a peculiar kind of building, adapted to their own taste and fancy; such, as seldom attracted the admiration, or excited the imitation of their neighbours. That, the method practised by the Greeks, and the several orders by them invented, should be universally adopted: that, their performances should be established as standards of perfection and elegance to succeeding ages, are circumstances which reflect the brightest lustre on the elevated genius of that enlightened people. A short account of the rise and progress of their superior style in Architecture, will not be foreign to the present purpose.

After the defeat and expulsion of Xerxes, Greece breathing from the ravage of barbarous invasion, in the full enjoyment of domestic leisure, and liberty, began to turn her sublime and penetrating genius to the cultivation of Arts and Sciences; and soon advanced into a degree of perfection unknown to former ages. Then were invented the Doric, Ionic, and Corinthian Orders, and in that distinguished period, flourished many illustrious Artists, in Painting, Sculpture, and Architecture.

This Æra of Grecian excellence commenced about the time of Pericles, and ended soon after the death of Alexander the Great. As yet, the unpolished warriors of Italy indicated no relish for the fine Arts; their artists were few and rude, and their Architecture consisted but of one order, distinguished

INTRODUZIONE.

L'Architettura Civile può dividersi in due parti principali; cioè in pubblica, ed in privata. Quest' ultima in se abbraccia Case di Città, e di Campagna, ed ogni sorta di fabbriche adattate all' uso privato; laddove l'Architettura pubblica in se comprende Tempj, Palazzi, Teatri, Ospedali, e tutti quegli altri Edifizj, che riguardano le Nazioni in generale.

Fortezza, Commodità, e Bellezza, sono i principali oggetti da tenersi in mira nel fabbricare. Dal proprio e giudizioso uso di questi tre punti essenziali risulta l'intiero merito dell' Architettura; e la mancanza di alcuno di essi merita a malapena maggior censura che il di loro eccesso. La Fortezza può degenerare in gravezza; la Commodità diviene inutile quando è oltre modo ricercata, e la Decorazione finalmente qualor troppo profusa suol riuscire una spiacevole confusione. Un Sistema di Architettura fondato sopra questi tre principj proporzionatamente combinati è il migliore per corrispondere al fine dell' Arte, e si approssima maggiormente alla norma della Perlezione.

L'Architettura quantunque coetanea alla Società, e coltivata dalle più rinomate antiche Nazioni, pure non ricevè alcuni notabili avvanzamenti, specialmente nella parte decorativa, avanti che lo studio della medesima fu intrapreso dai sublimi ingegni della rinomata Grecia. Altre Nazioni si contentarono di un particolar modo di fabbricare, il quale, quantunque fosse adattato al loro gusto, ed alla propria fantasia, pure non attraeva l'ammirazione de' Popoli confinanti, cosichè fosse imitato da quelli. L'accoglimento universale del metodo praticato dai Greci, e de' diversi Ordini da loro inventati, e l'essere state le loro Opere stabilite come la norma della perfezione, e dell' eleganza alle Nazioni in avvenire, sono circostanze che recano un immortale onore al genio sublime di quel Popolo illuminato. Per la qual cosa ei non farà fuor di proposito di rapportar qui brevemente l'origine, e i progressi del loro eccellente stile in Architettura.

Dopo disfatto, e discacciato Serse, la Grecia respirando i contenti di domestica pace e libertà, che seguirono alle miserie di barbara invasione, cominciò ad applicare il suo sublime e penetrante ingegno alla coltura delle Arti, e delle Scienze, che tosto elevò ad un grado di eccellenza non mai conosciuto nell' età precedenti. Allora l'Ordine Dorico, il Ionico, ed il Corintio furono inventati; ed in quel distintissimo periodo fiorirono i più celebri Artisti così nell' Architettura, come nella Scultura, e Pittura.

Quest' Era di Greca eccellenza cominciò circa il tempo di Pericle, e finì subito dopo la morte d'Alessandro il Grande. Gl'incolti Guerrieri d'Italia non aveano in siffatto tempo mostrato piacere alcuno per le belle Arti. I loro Artisti erano pochi, e grossolani, e l'Architettura loro consisteva in un sol ordine, che si è poscia distinto

diftinguifhed by the appellation of the Tufcan. It was not till Greece had fubmitted to the fubduers of the world, that the polifhed Arts were tranfplanted into Italy. The moft magnificent Edifices were plundered, and their choiceft ornaments being transferred to adorn the buildings of the conquerors, exhibited fpecimens of Grecian workmanfhip, and ferved for models to Roman artifts. Grecian elegance and refinement, foon became a fubject of emulation, and at length adorned Rome with thofe wonders of art, the very ruins of which, have inftructed fucceeding generations.

In the celebrated Auguftan age, the fine Arts were in their full meridian. From Auguftus to Conftantine, a gradual decline enfued; till at laft every veftige of fublime antiquity was ingulphed in that fecond chaos, which for the continued fpace of ten centuries, overwhelmed the Roman world with ignorance, fuperftition, and calamity.

To what low ebb the Arts were funk, even in the reign of Conftantine, ftands upon indifputable record. That emperor, defirous of perpetuating the memory of his victory over Maxentius, caufed, with that view, a triumphal arch to be erected. But not being able to procure artifts fufficiently expert to execute that work, he was meanly tempted to deprive Trajan's arch of its moft elegant figures, to adorn the monument of his own fuccefs. The few ornaments requifite to fill up the chafms between the pieces of ancient fculpture, were executed in fo rude and unfkilful a manner, that they ftill remain inconteftable proofs, of the ignorance and miferable degeneracy of that age.

After the revival of letters, the barbarous ftyle of Architecture introduced by the rough uncivilized invaders of the weftern empire, was ftill retained by moft nations. Heavinefs, and a croud of infignificant ornaments, characterize the buildings of thofe days; and a falfe tafte was too deeply rooted to be either eafily or foon abolifhed. Not fooner than the fifteenth century did Ancient Grecian and Roman Architecture begin to revive in Italy. Then it was that monuments of antiquity were eagerly fought after, and examined with fcrupulous attention. Then too the works of ancient writers were carefully confulted, particularly of Vitruvius, which greatly contributed to fhew the vaft fuperiority of the genuine Greek and Roman, over that barbarous ftyle, which had prevailed in the declining and turbulent days of the Roman empire.

diftinto col nome di Tofcano. Infomma le belle Arti non furono trafpiantate in Italia prima che la Grecia foffe foggiogata dai Conquiftatori del mondo. Allora i più magnifici Edifizj di quel Paefe vennero faccheggiati; ed i loro più fcelti ornamenti effendo ftati trafportati per adornare le fabbriche de' Vincitori, fomminiftrarono modelli di eccelente Greco lavoro per lo ftudio degli Artifti Romani. La Greca eleganza e raffinamento, divennero tofto un foggetto di emulazione, e coll' andar degli anni adornarono Roma con quelle tali meraviglie dell' arte, i cui rovinofi avvanzi fono ferviti come d'iftruzione, e d' infegnamento a' Pofteri.

Nella famofa età di Augufto le belle Arti giunfero al colmo del loro fplendore. Da Augufto fino a Coftantino andarono di mano a mano decadendo, fino a tanto che ogni vefligio del fublime degli Antichi rimafe afforto in quel fecondo chaos, che per lo lungo fpazio di dieci fecoli tenne l'Impero Romano miferamente immerfo nell' iguoranza, nella fuperftizione, e nella miferia.

Lo ftato abbietto, a cui le arti erano arrivate anche nel tempo di Coftantino, viene chiaramente atteftato da monumenti degni di fede. Quell' Imperadore defiderofo di perpetuare la ricordanza della fua vittoria riportata contro Maffenzio, fi fece erigere un Arco trionfale; ma non potendo in quel tempo procurare Artifti baftantemente efperti per ben efeguire quell' Opera, fpogliò indegnamente l' Arco trionfale di Trajano delle più eleganti figure, di cui fi fervì per abbellire il monumento della fua vittoria. I pochi ornamenti, che per neceffità richiedevanfi per connettere i pezzi d'antico lavoro, furono sì rozzamente efeguiti, che ancora fuffiftono come pruove innegabili dell' ignoranza, e del gufto depravato di quel fecolo.

Dopo il riforgimento delle lettere il barbaro ftile di Architettura introdotto dai rozzi popoli, che aveano invafo l'Impero d'Occidente, fu ancora per qualche tempo ritenuto da diverfe Nazioni. Un enorme gravezza, ed una folla di ridicoli ornamenti caratterizzano gli Edifizj di quei tempi. Egli era un depravato gufto troppo profondamente radicato, per effere di leggieri, oppur tofto abolito. Non prima del decimoquinto fecolo l'antica Architettura Greca e Romana cominciò ad effere ravvivata in Italia. Allora gli antichi monumenti furono avidamente cercati, e furono efaminati con la più fcrupolofa attenzione; ed allora fu eziandio che fi ebbe ricorfo attentamente agli antichi fcrittori; particolarmente alle Opere di Vitruvio, le quali contribuirono moltiffimo a moftrare la gran fuperiorità della genuina Architettura Greca e Romana, in paragone del barbaro ftile, che prevalfe durante la decadenza dell' Impero Romano.

The   C   Il defi-

The defire of carrying the obfervations then made :into execution, and reviving the long overlooked Grecian Architecture, it is prefumed, firft fuggefted the project of building the famous Cathedral of St. Peter's at Rome. Bramante, Peruzzi, Sangallo, Michel Angelo, Vignola and other architects, laboured to combine the practice of the ancients with their own obfervations, fo as to eftablifh certain rules to ferve for invariable laws of the Art. Their example excited emulation, and fuccefs gave fanction to the laws they had eftablifhed. From that period, the gothic ftyle was gradually laid afide, and the age of Pope Leo X. became fcarce lefs famous than that of Alexander or Auguftus.

Notwithftanding the ftyle of Greek and Roman Architecture, or rather that which Italian mafters have formed upon both, and digefted into mechanical rules, has been the received ftandard of the Art, experience will convince, that implicit adherence to thofe rules cannot be, in all cafes, productive of good effect. A fervile attachment to any fyftem whatever, is not only incompatible with elegance and propriety, but equally blameable with the prefumption of thofe, who guided by no fyftem at all, decorate their buildings with a croud of tawdry ornaments, neither Grecian nor Roman, but a jumble of both, fantaftically blended with Gothic fragments, and Chinefe decorations.

The leaft knowledge of optics will prove that the fame proportion obferved in the parts of a fmall building, as in one of large dimenfions will produce a very different effect. The upper parts of the latter will appear much fmaller than the real fize, and thofe of the former of courfe much larger than fymetry requires. Hence it is plain, that if the fuperior or upper parts be compofed of a greater proportion in a building of large dimenfions, and fmaller in a lefs, the effect will be more pleafing and elegant, than if the fame invariable proportion were obferved in either cafe. This rule fhould be obferved in the orders of Architecture, and their proportions adapted to their fituation in the building.

The effect of a building (whether it be a ftructure of high or low dimenfions) produced by a perfect harmony in the conftituent parts, fo as to exhibit a pleafing appearance in every point of view, is the grand object of tafte.

Such effect is peculiarly requifite in Villas, a fpecies of building expofed to fo many different points of view. Here no invariable rule can be given, yet it is
a moft

Il defiderio di mettere in efecuzione le offervazioni fatte in allora, e quello di ravvivare il lungamente trafcurato ftile della Greca Architettura, vi è ragion di credere che aveffero rifvegliata la prima idea del progetto di fabbricare la celebre Cattedrale di S. Pietro in Roma. Bramante, Peruzzi, Sangallo, Michel Angiolo, Vignola, ed altri Architetti fi sforzarono di combinare la pratica degli antichi con le proprie loro offervazioni, per poterne quindi dedurre delle regole fode, che poteffero fervire di leggi invariabili dell' Arte. Il loro efempio eccitò l'emulazione, ed il buon effetto confermò le leggi da effi dettate. Da quel periodo lo ftile d'Architettura Gotica cominciò ad abolirfi di grado in grado, e l'età del Pontifice Leone X. divenne cofpicua preffochè al pari di quella di Aleffandro, o di Augufto.

Non oftante che lo ftile dell' Architettura Greca e Romana, o piuttofto quello che gli Architetti Italiani han dedotto dalla combinazione di ambedue, ed han quindi confinato tra un numero di regole meccaniche, fia ftato ricevuto come la norma, e'l modello dell' Arte; tuttavia l'efperienza convincerà che una ftretta aderenza a quelle regole non può fempre produrre un buono effetto. L'effere fervilmente attaccato a qualunque fiftema non folo non produce eleganza, o proprietà, ma è tanto biafimevole quanto la prefunzione di coloro, i quali fenza la guida di verun fiftema, freggiano le loro fabbriche con una riftuccante moltitudine di ridicoli ornamenti, che non fono nè Romani, nè Greci, ma bensì partecipano del gufto Gotico, e del Cinefe, ambidue capricciofamente mifchiati.

La menoma cognizione dei principj d'Ottica è baftante per convincere che l'ifteffe proporzioni effendo ufate sì in una picciola cafa, che in un gran Palazzo,' dovranno produrre un effetto molto differente. Le parti fuperiori, come l'intelavolatura e del Palazzo compariranno più picciole del dovere, laddove quelle della picciola cafa compariranno più grandi di quello che la fimmetria richiede. Quindi ne fiegue, che fe le parti fuperiori fono proporzionatamente più grandi in un vafto edifizio, e più picciole in un edifizio minore, l'effetto farà fempre più grato ed elegante, di quello che farebbe, fe le ftelle invariabili proporzioni fi foffero in'ambidue i cafe feguite. Cotefta regola offervar fi douvrebbe negli ordini di Architettura, e le loro proporzioni douvrebbero regolarfi a tenor del fito, ch' effi occupano nell' Edifizio.

Il grande oggetto del gufto fi è, che un Edifizio (fiafi alto, o baffo,) mercè d'una perfetta armonia nelle fue parti, moftri una piacevole apparenza in ogni punto di veduta.

Queft' effetto particolarmente richiedefi nelle cafe di campagna che fono quafi fempre efpofte a diverfi punti di veduta. Su di tal particolare non fi può affegnare alcuna

a moſt neceſſary branch of the Art to be ſtudied, and if poſſible carried into practice. Proportions which can moſt diſtinctly mark the character of a building, are to be preferred; conſequently demand to be varied according to different circumſtances.

Various reaſons might be adduced, to demonſtrate the equal impropriety of too cloſe an adherence to fixt rules, and of the vague dictates of Fancy, independent of all rules. Architecture is by no means that mechanical art which many people have imagined; however limited in ſome points, it does, neverthelefs, allow ample ſcope for the judgment and taſte of the Artiſt. Beſides the arrangement of his rooms, and other interior parts, he has abundant latitude to exerciſe his talents upon the external parts of an edifice. Internal defects of a building are not ſo conſpicuous; but the external decorations of architecture, if they in the leaſt offend the nicety of the obſerver, reflect ſtrongly upon the Artiſt.

As the following deſigns are not according to the exact proportions of any preceding maſter, the Author thought it neceſſary to give his reaſons for the deviation, or more properly, his ſentiments on the art in general. How far the ſeveral kinds of proportions, in the following Work, are introduced with propriety and effect, it is ſubmitted to the public to determine.

alcuna regola invariabile, quantunque egli ſia un ramo dell' Arte molto neceſſario da ſtudiarſi, e da metterſi in pratica. Quelle proporzioni devono preferirſi, che dinotano più chiaramente il carattere della fabbrica; conſeguentemente elleno debbono variarſi a ſeconda delle diverſe circoſtanze.

Varie altre ragioni potrebbero addurſi per dimoſtrare ulteriormente l'improprietà che riſulta sì da una ſtretta aderenza a regole fiſſe, come dalla fantaſtica indipendenza da alcun metodo qualunque. L'Architettura non è già quell' arte meccanica, che molti ſi ſono immaginati. Quantunque limitata in alcuni punti, offre nondimeno un vaſto campo all' Artiſta per eſercitare il ſuo genio. Oltre la diſpoſizione degli appartamenti, egli ha un gran campo da eſercitare il ſuo ingegno ſu le parti eſterne dell' Edifizio. I difetti interni d'una fabbrica non ſono molto rilevanti, ma le decorazioni eſteriori di Architettura diſonorano moltiſſimo l'Artiſta, ſe nel minimo punto offendono la delicatezza dell' oſſervatore.

Poichè i ſeguenti diſegni in qualche maniera deviano dell' eſatte proporzioni aſſegnate da qualunque maeſtro; l'Autore ha ſtimato neceſſario di dare alcune ragioni per una tale deviazione, o più toſto di paleſare il ſuo ſentimento intorno all' Arte in generale. La proprietà, e l'effetto che riſultano dalle diverſe proporzioni uſate in queſt' Opera, vengono umilmente ſottomeſſe al giudizio del pubblico.

D

EXPLANATION

OF THE

PLATES.

PLATE I.

Plan of the Principal, Attick Floor, and Elevation of a Villa.

IN this Defign is introduced the Grecian Dorick Order, with the baffo relievo of Bacchus and the Tyrhean Pirates, taken from the Lanthorn of Demofthenes *.

The ftrength and force of the fubject, accords with the proportion of the Dorick Order.

The principal floor is fufficiently explained on the plate. The attick floor, by the letters A bed rooms, B dreffing rooms, C clofets, D water clofets.

The bafement ftory for the kitchen offices, or they may be fituated at a fmall diftance, and concealed by fhrubberies.

PLATE II.

Plan of the principal Floor, and Elevation of a Villa, defigned for a Gentleman at Hadleigh, Suffolk.

This defign is of nearly the fame dimenfions as the former, the decorations more in the prefent ftyle. The diftribution of the attick floor in bed rooms and dreffing rooms, adapted to the family. The bafement ftory for the kitchen offices as ordered.

PLATE III.

Plan of the principal Floor, and Elevation of the Garden Front of a Villa.

The chief objects in this plan are the library, drawing, and dining rooms, which are purpofely contrived to occupy the moft confpicuous parts of the building, and to have the moft ufeful connection with one another.

* Delineated in Stuart's Grecian Antiquities.

The

SPIEGAZIONI

DELLE

TAVOLE.

TAV. I.

Pianta, ed Elevazione d' una Cafa di Campagna.

IN quefta picciola compofizione fi è cercato di adattare l'Ordine Dorico Greco. Il baffo rilievo rapprefenta le tirannie de' Pirati. La forza di un tal foggetto è più convenevole alla compofizione Dorica, che alla Corintia, com' è la Lanterna di Demoftene *.

Nella pianta del piano principale vi fono fpiegate tutte le parti che la compongono.

La feconda, ch' è il piano dell' Attico viene, ad effere fpiegata dalle lettere feguenti. A Camere da letto, B Gabinetti per veftirfi, C Guardarobe ordinarie, D Luoghi comodi.

Nel piano fotterraneo vi andrebbero gli Uffizj delle cucine, lavatoj, &c. qualora non foffero fituati lateralmente alla cafa, e nafcofti dagli alberi, come coftumafi generalmente nell' Inghilterra.

TAV. II.

Pianta, ed Elevazione d' una Cafa di Campagna, difegnata per un Gentiluomo in Hadleigh, Suffolk.

La prefente cafa è della fteffa grandezza dell' antecedente. La fua decorazione è dello ftile il più approvato al dì d' oggi. La diftribuzione del piano fuperiore farà facile ad ogn' uno di adattarfi alle varie circoftanze delle famiglie. Riguardo agli uffizj fi è qui efeguito l'ordine del proprietario con farli nel fotterraneo.

TAV. III.

Pianta, ed Elevazione d' una Cafa di Campagna dalla parte del Giardino.

L'oggetto principale che fi è avuto nella diftribuzione della pianta è, che le camere principali come la libreria, la camera per converfazione, e quella da pranzo, occupaffero le vedute più belle della campagna, e del fuppofto giardino.

* Antichità della Grecia di Stuart.

E   Quefta

The supposed view from the garden, or grounds, towards the library and dining rooms, require those elevations to be the principal objects of attention. The pyramidal form, heights, and external breaks being equal, would give this design a regular appearance from every point of view.

The small staircase leads to a story for servants rooms, which is between the attick and ground floor, over the hall, parlour, and dressing room, as it will appear in the next plate †.

PLATE IV.

Plan of the Attick Floor, and Front of the preceding Villa.

The distribution of this floor, is in bed rooms and dressing rooms; letter A situated so as to serve either purpose.

The floor for servants rooms mentioned in the explanation of the preceding plate, is shewn, in this elevation, by the three small windows over the portico.

PLATE V.

Plan of the principal Floor, and Elevation of a Villa.

The design is to shew a villa of nearly the same dimensions as the foregoing, in a greater style, which is attained by the portico and the windows of the attick floor being apparently omitted in this front.

The attick is lighted by windows on the sides and back of the building; as is more clearly seen in the next plate.

PLATE VI.

Plan of the Attick Floor, and Section of the preceding Villa.

This section shews the finishing of the hall, drawing room, bed chambers, &c. The drawing room is made, for the greater effect of magnificence, in the style of a salon, two stories in height.

The ornaments for the cornices, freeze, &c. only are omitted, as they would be exceedingly small.

† The plan in this plate is engraved in a wrong direction, the portico ought to have occupied the right hand side, to answer the situation of the elevation.

The

Questa casa avrebbe una regolare apparenza da ogni punto di veduta. La sua forma piramidale, la varietà delle altezze, e quella degli avancorpi, sono sempre da desiderarsi nelle case di campagna.

La picciola scala contigua alla Sala ascende a tre camere de' servitori, come si osserverà nella tavola seguente †.

TAV. IV.

Pianta, e Facciata della precedente Casa di Campagna dalla parte dell' Ingresso.

Nella distribuzione di questa pianta si è cercato di far libere tutte le camere, marcate con la stessa lettera A; mentre il loro uso dipende dalla grandezza delle famiglie, e delle loro rispettive comodità.

L'appartamento pei servitori, menzionato nella tavola precedente, è qui indicato nell' elevazione dalle tre picciole finestre sopra del portico.

TAV. V.

Pianta, ed Elevazione d' una Casa di Campagna.

In questo disegno si fa vedere come una picciola casa, non più grande delle precedenti, è capace di esprimere un carattere più grandioso, ed uno stile più nobile.

Si è omessa l'apparenza del piano superiore, la quale scemerebbe non poco la grandiosità del tutto. Il medesimo piano sarebbe illuminato abbastanza dagli altri lati della casa, come vedesi nella tavola seguente.

TAV. VI.

Pianta, e Sezione della precedente Casa di Campagna.

La presente sezione dimostra la sala, la camera di compagnia, e quelle da letto nel piano superiore. La camera di compagnia è alta due piani ad uso di Salone, producendo un effetto di maggior magnificenza.

Si sono omessi gli convenevoli ornamenti de' fregi, cornici, riquadri, &c. a causa della picciolezza del disegno.

† Se l'ingresso di questa pianta non corrisponde allo stesso lato dell' elevazione, ciò è per isbaglio incorso nell' incisione.

Tutte

The diftribution of the plan; A bed rooms, B dreffing rooms. A fervants room, is lighted from under the portico.

Tutte le camere fuperiori efpreffe in quefta pianta con la lettera A fono per ufo de' letti; le altre B per veftirfi. La camera delle ferve viene ad effere illuminata da fotto il portico.

P L A T E VII.

Elevation of Three Houfes built in Great Ormond Street.

This defign was to give a uniform appearance to three houfes. If this mode of building were generally adopted and varied according to circumftances, from the proportions and external decorations that might with propriety be introduced; our houfes would have a more magnificent afpect, and their prefent conveniences might be retained. The fmall fpace of ground generally allotted for the front of a town-houfe, renders it impoffible to make it of a juft proportion.

T A V. VII.

Facciata di tre Cafe fabbricate nella Strada di Great Ormond in Londra.

In quefta compofizione fi ebbe in mira di dare un' apparente regolarità a tre cafe. Se quefto modo di fabbricare foffe adottato generalmente, e variato fecondo le circoflanze, per virtù delle proporzioni, e delle decorazioni efteriori che la proprietà permetterebbe; le noftre cafe avrebbero un' afpetto più magnifico; e potrebbero anche ritenerfi le prefenti convenienze interne. La picciola eftenfione, che daffi generalmente alle facciate delle cafe di città, rende impoffibile di farle fecondo le giufte proporzioni.

P L A T E VIII.

Plan of the Principal and Attick Floor of a Villa.

There is a novelty in this defign, in the method of afcending under the cover of the portico to the hall. This is evidently convenient; how far the effect may be pleafing, will appear by infpecting the following plate.

The attick Floor, B bed rooms, C dreffing rooms, D paffages, E ftaircafe.

On this plate, and in many others throughout this book, there are made communications between the different rooms, fome of which are not effentially neceffary, and may be omitted or ufed.

T A V. VIII.

Pianta del piano principale, e dell' Attico d'una Cafa di Campagna.

In quefta prima pianta offervafi la nuova fcala efteriore fotto del portico, per evitare l' inconveniente di bagnarfi. Qual effetto poffa avere cotefta novità potrà giudicarfi dall' elevazione della tavola feguente.

B Camere da letto, C camere per veftirfi, D corridoj, E Scala.

In tutt' i noftri appartamenti fuperiori abbiam fatto molte comunicazioni fra le camere. S'intende che alcune di effe debbano chiuderfi fecondo i varj comodi delle famiglie.

P L A T E IX.

Elevation of the principal Front of the preceding Villa.

In this defign, the order being to contain one ftory in height, to make it the principal object in the building; the following alteration in the parts are made, the architrave omitted, neither pediment, or balluftrade above the order, nor decoration to the apertures under the portico.

The intercolumnations are made near four diameters, having little to fupport, and add greatly to the light of the hall.

T A V. IX.

Facciata principale della precedente Cafa di Campagna.

Quando un ordine di Architettura comprende un folo appartamento, com' è in quefto difegno, egli è foggetto ad effere alterato nelle proporzioni per farlo divenire dominante nella fabbrica. Onde noi gli abbiamo levato l'architrave: fi fono omeffe le balauftrade, il frontefpizio, e le decorazioni fotto del portico, acciochè l'ordine divenga il principale foggetto.

Gl' intercolonni fon larghi preffo a quattro diametri, non avendo a foftenere gran pefo. I medefimi contribuifcono ad illuminare fufficientemente la fala.

PLATE X.

Plan of the principal Floor of a Villa.

The form of this plan, with a circular falon in the center, has been a favourite ftyle of building practifed by many artifts †.

The falon in this defign is confidered as a hall, and communicates with the drawing room, dining room and library.

The two ftaircafes in the veftibule are lighted from fkylights, not to make apertures under the portico.

PLATE XI.

Elevation of the principal Front of the preceding Villa.

Near all the former defigns reprefent villa's of a fmall fcale, where architecture cannot be treated with that magnificence as in buildings of greater dimenfions.

The grandeur of the parts in the compofition, greatly contribute to that effect, and none anfwer the purpofe more than an internal portico, and dome, with proper decorations.

All the orders may be introduced in this kind of building, and are capable of receiving a different character; we fee in fome buildings, where a compofition of the Tufcan, or Doric, has a better effect than the Ionic, or Corinthian. This remark is confirmed by many examples, ancient and modern.

PLATE XII.

Plan of the principal Floor of a Houfe and Offices, defigned for R. P. Thellwall, Efq.

This defign, from its diftribution and external appearance, may be ranked of a different clafs from the preceding. The body of the houfe is fmall, the dining room, library, &c. being in the lower building behind the corridore, which communicates to the offices.

† It may appear that this plan in particular is of a fmall fize for the parts in the elevation: reducing the fcale, the defign may be made much larger.

PLATE

TAV. X.

Pianta del piano principale d'una Cafa di Campagna.

La forma di quefta pianta con un falone a cupola nel centro è uno ftile favorito di molti artifti †.

Il falone è qui in luogo della fala, ed ha communicazione colla camera di compagnia, con quella da pranzo, e colla libreria.

Le due fcale nel veftibulo fono illuminate dal l'alto, per non fare altre aperture dentro del portico.

TAV. XI.

Facciata principale della precedente Cafa di Campagna.

Quafi tutt' i difegni rapportati finora confiftono in varie cafe di campagna, che noi le confideriamo della più picciola claffe, dove l'Architettura non può effere trattata con quella magnificenza com' è nelle cafe di maggior eftenfione.

La grandiofità delle parti nella compofizione contribuifce confiderabilmente a produrre un tal effetto; e tra effe non ve n'è alcuna che vi contribuifca più, quanto un portico, una cupola, e tutte le decorazioni convenevoli.

Tutti gli odini di Architettura poffono aver luogo in quefto genere di fabbriche, perchè ciafcuno è capace di ricevere differenti caratteri relativamente ad effe. Noi vediamo molte fabbriche dove le compofizioni Tofcane, e Doriche, fono di miglior effetto d'altre Ioniche, e Corintie! Quefta offervazione trovafi confermata da parecchi efempj antichi, e moderni.

TAV. XII.

Pianta del piano principale d'una Cafa di Campagna con fuoi Uffizj; difegnata per il Signor R. P. Thellwall.

La diverfità di quefta cafa dalle antecedenti confifte nell' aggiunta degli uffizj laterali variatamente difpofti, il che forma una claffe di cafe più grandi In quefto difegno però il corpo di mezzo non è fi grande, poichè la libreria, e la camera da pranzo fono nell' aggiunta degli uffizj, i quali fi communicano per mezzo de' corridoj.

† Si fcorgerà agevolmente che in quefta pianta in particolare, le parti fono picciole relativamente a quelle della facciata. Il difegno però può renderfi più grande facendo la riduzione della fcala.

TAV.

PLATE XIII.

Elevation of the principal Front of the preceding House and Offices.

This front is in the simple style of Architecture, the Rustick and Tuscan Order being the principal decoration. The columns are detached from the walls at the junction of the house and offices; by this means, figures or vases may be preserved over them entire, and many defects remedied. In these designs, the balustrades also are finished clear of the pedestals. None of the members are broken, and the principal ones are continued.

PLATE XIV.

Plan of the principal Floor of a House, and Offices, designed for a Gentleman.

In addition to the explanation on this plate, it may be necessary to remark, that the basement story is for sundry offices, pantries, cellars, &c.

The coach-houses and stables are a separate building, and detached from the principal views of the house.

PLATE XV.

Plan of the One Pair and Attick Floor of the former.

A bed rooms; B dressing rooms; C anti-room, or cabinet; D servants Rooms; E principal servants rooms; F terraces.

PLATE XVI.

Elevation of the principal Front of the preceding House, and Offices.

The corridor not only renders the communication between the house and offices convenient, (as in Plate XIII.) but form porticos in a grander style.

Figures upon pedestals are a great advantage to the effect of fine sculpture, by being more relieved than in niches, and in this design also, the niches would require a great thickness of wall, where it would be useless.

TAV. XIII.

Facciata principale della precedente Casa di Campagna.

Questa composizione è del più semplice stile di Architettura, poichè il rustico, ed il Toscano sono i principali soggetti della decorazione. Le colonne isolate accanto à muri conservono intieri i vasi, o le statue che loro si soprappongono; ed oltre a ciò fanno schivare varj altri inconvenienti. I balaustri accanto a' piedestalli sono ugualmente intieri: niun altro membro di Architettura sarà tagliato nelle nostre composizioni: e neppure saranno interrotte le linee principali, che ricorrono in tutta la fabbrica.

TAV. XIV.

Pianta del piano principale d'una Casa di Campagna con suoi Uffizj, disegnata per un Gentiluomo Inglese.

In aggiunta alla spiegazione di questa tavola, egli è necessario di osservare che nei sotterranei vi sono gli uffizj più ordinarj.

Gli altri delle scuderie, e rimesse, formano delle fabbriche aparte, separate, e nascoste dagli aspetti principali della casa.

TAV. XV.

Pianta del primo piano, e di quella dell' Attico della precedente Casa di Campagna.

A Camere da letto; B camere per vestirsi; C gabinetto, o anticamera; D camere per li servitori; E camere per la servitù principale; F terrazze.

TAV. XVI.

Facciata principale della precedente Casa di Campagna con suoi Uffizj, disegnata per un Gentiluomo Inglese.

Le colonnate di questo disegno non solo formano la communicazione dalla casa agli uffizj, come nella (Tav. XIII.) ma contribuiscono eziandio a due nobili portici.

Le statue isolate sopra de' piedestalli, fanno spiccare maggiormente le belle sculture, che quando sono nelle nicchie, le quali richiederebbero nella nostra pianta de' grossi muri inutilemente.

PLATE   G   TAV.

PLATE XVII.

Elevation at large of the Center Building of the former.

This front is drawn at large for two reasons, viz. to shew the minute parts distinctly, and separate from the offices, as suitable for a town mansion.

The Dorick freeze [as in Plate I.] is not divided according to the exact or general rules. The variety introduced, is to interrupt the sameness that would be in the ornament continually repeated.

PLATE XVIII.

Section through the center Building of the foregoing.

This design is to shew the intended finishing of the hall, drawing room, staircase, salon above, with lady's dressing room, and bed rooms.

PLATE XIX.

Plan of the Ground Floor for a New Theatre, designed for the Opera, &c.

Our Theatres being upon a very small scale, compared with those of other principal cities in Europe, about two years ago, a report prevailed that a New Theatre was intended to be built by subscription, which might serve as well for all Dramatick Performances, as Concerts, Assemblies, Masquerades, &c. And the proprietors of the Opera House intending to purchase several adjoining houses and ground, to render the theatre eligible for the various purposes mentioned, suggested the idea of making a design adapted to the situation of the present Opera House, with the principal front towards Pall Mall.

A Staircases to the boxes, that land in the vestibule of a mezzanine story, between this floor and Plate XX. which story is seen in the section Plate XXII.

B private staircase to the boxes, &c. for subscribers; C staircase to the gallery; D staircase for house-keepers apartments on the mezzanine story, and offices under this floor; E the same for the coffee house; FF staircases for the use of the boxes, and a communication to the stage; GG dressing rooms for the performers; HH staircases for the use of the stage, &c. I I entrances to the pit; KK entrances to the orchestra; L water closets, one under the staircase B; MM entrance to the stage, elevated seven feet above
the

T A V. XVII.

Facciata più in grande del corpo di mezzo della precedente Casa di Campagna.

Questa facciata si è ridotta in grande per due ragioni; la prima, per render visibili tutte le sue parti; epoi perchè questo corpo di casa così separato dagli uffizj, offre un modello d'una casa di città.

Il fregio Dorico non è divido secondo la scrupolosa regola delle metope quadrate, si è dato luogo alla varietà, per togliere la lunga noja dello stesso ornato ripetuto, come si è fatto nella Tav. I.

T A V. XVIII.

Sezione nel mezzo della precedente Casa di Campagna.

Questo disegno dimostra il compimento interno della sala, della camera di compagnia, della scala, del salone superiore con le camere contigue per le Signore, e delle altre da letto.

T A V· XIX.

Pianta del piano principale di un Nuovo Teatro per l'Opera in Londra.

La picciolezza de' nostri Teatri rispetto a quelli delle altre città principali di Europa, fece nascere due anni fono, il desiderio di volerne edificare un altro per sottoscrizione, atto a poter servire nonmeno per le rappresentazioni sceniche, che per Concerti, Mascherate, Assemblèe, &c. Nello stesso tempo i proprietarj dell' Opera cercavano di avere alcune case contigue al loro Teatro, ad oggetto di farlo corrispondere al fine di già mentovato. Da queste voci generali è nata l'idea di questo nostro progetto, adattato interamente all' ottima situazione del Teatro per l'Opera, colla facciata principale verso Pall Mall.

A Scale che ascendono in una sala sopra il vestibulo, per uso delle prime loggie. Lo stesso piano corrisponde al mezzanino, che ricorre in tutta la fabbrica, e che vedesi nella sezione della Tav. XXII.

B Scala privata e di comunicazione a tutt' i piani per uso de' sottoscriventi; C scala per la galleria; D scala per l'abitazione del custode nel mezzanino; E sala per l'abitazione del caffettiere nel mezzanino; FF scale ai diversi piani delle logge, e di comunicazione col palco; GG gabinetti per uso degli attori; IIII scale per i differenti usi del Teatro; I I ingressi nella platea; KK ingressi nell' orchestra; L luoghi comodi, de' quali ve n' è un' altro sotto la scala B; MM ingressi al palco scenario elevato dal piano della
strada

the ſtreet *: From the ſame entrance you deſcend to different offices and ſhops for the uſe of the Theatre.

PLATE XX.

Plan of the ſecond or principal Floor of the preceding Theatre, &c.

This Plan is of the ſecond order of boxes, which communicates to the grand coffee-Room, and ſuite of apartments for concerts, aſſemblies, &c. From them are made a general communication entirely round the building: the Rooms adapted occaſionally to various purpoſes.

AA, &c. ſideboards; BB, cloſets; CC, &c. boxes†; D, private ſtaircaſe to the different ſtories for ſubſcribers; E, Gallery ſtairs; FF, paſſages for the uſe of the ſtage, level with apartments, &c. GG, ſtaircaſe for different purpoſes of the theatre; HH, ſtaircaſes for the boxes or to the ſtage; II, dreſſing rooms for performers.

PLATE XXI.

Elevation of the principal Front of the Theatre, &c.

The figures ſituated in the niches are allegorical of Poetry, Muſick, Tragedy, and Comedy; thoſe others on the attick are emblematical, with maſks, trophies, and the royal arms.

PLATE XXII.

Section of the preceding Theatre, &c.

This deſign ſhews the front of the two ſtories of boxes, and the gallery above. A greater height is given to both the orders than is ſeen in modern theatres, to give a grander effect to the whole. Many ornaments that were intended to be introduced, are omitted, to prevent a confuſion in the deſign, which muſt have been the conſequence on ſo minute a ſcale.

* The depth of the baſement, particularly under the pit, will contribute greatly to the effect of the ſound.

† As the different diviſions of the boxes are made about three feet high, they are drawn from the center of the theatre; in caſe they are incloſed, it will be neceſſary to form them from the center of the ſtage.

F I N I S.

ſtrada ſette piedi*: Dalli medeſimi ingreſſi ſi diſcende nel ſotterraneo pei varj uffizj ordinarj del Teatro.

T A V. XX.

Pianta del ſecondo piano principale dell' antecedente nuovo Teatro.

Queſta pianta del ſecond' ordine delle logge communica con la gran camera da caffè, e coi diverſi appartamenti pei concerti, per le aſſemblee, &c. dai quali poi vi è una comunicazione generale tutt' all' intorno dell' Edifizio, da determinarſi a ſeconda de' varj uſi, che ſe ne vuol fare.

AA, &c. credenza; BB, gabinetti; CC, &c. logge†; D, ſcala privata, e di comunicazione a tutt' i piani per uſo de' ſottoſcriventi; E, ſcala della galleria; FF, ponti per uſo del palco ſcenario, nello ſteſſo piano degli Appartamenti &c; GG, ſcale per tutte le parti addette al Teatro; HH, ſcale per le logge, o palchetti; II, gabinetti per gli Attori.

T A V. XXI.

Facciata principale diſegnata per un nuovo Teatro dell' Opera in Londra.

Le figure ſituate nelle nicchie ſono allegoriche alla Poeſia, alla Muſica, alla Tragedia, ed alla Comedia. Le altre nell' attico, ſono ugualmente emblematiche; come ſono anche le maſchere, i trofei, e le armi reali.

T A V XXII.

Sezione del precedente Teatro.

Queſto diſegno fa vedere il proſpetto de' due ordini di logge con la galleria al diſopra. Si è data agli ordini un' altezza maggiore di quella, che ſi ſcorge ne' Teatri moderni; e ciò per ottenere un effetto più grandioſo. Si ſono tralaſciati varj ornamenti, che voleanſi fare per la decorazione, ad oggetto di ſchivar la confuſione, che ſarebbe ſeguita nel diſegno atteſa la ſua picciolezza.

ʳ Non v'è coſa che più contribuiſca a rendere ſonoro il Teatro, quanto la profondità de' ſotterranei, maſſimamente ſotto della platea.

† Siccome i varj ripartiménti di ſi fatte logge, eſſendo alti circa tre piedi, riguardano il centro del Teatro, coſì nel caſo che ſi voleſſero chiudere intieramente, ſarà neceſſario di farle in modo, che riguardino il mezzo del palco ſcenario.

F I N E.

II

Pl. 1

Elevation of the Principal Front of a Villa

Elevazione della Facciata principale d'una Casa di Campagna

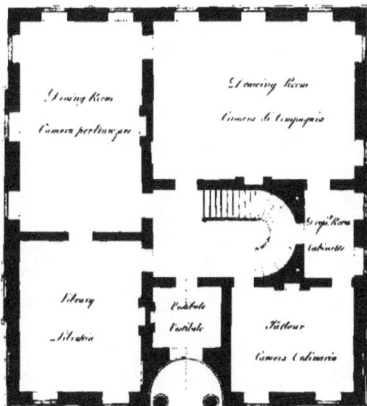

Plan of the Principal Floor of a Villa

Piano principale d'una Casa di Campagna

Plan of the Attick Floor

Secondo piano o sia Soll:ti Attici

S. Lewis Archit.   Published as the Act directs 1774   J. Roberts sculp.

Pl. 11

Elevation of the Principal Front of a Villa — Elevazione della fronte principale d'una casa di campagna

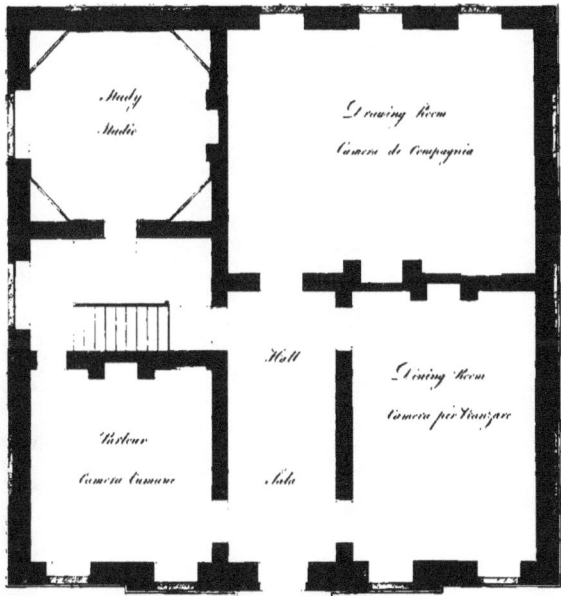

Plan of the Principal Floor of a Villa designed for a Gentleman at Hadleigh, Suffolk. — Pianta del piano principale d'una casa di campagna. Disegnata per un Sig.r in Hadleigh, Suffolk.

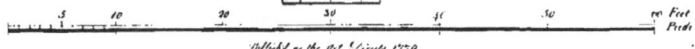

T. Lucas Arch.t

Published as the Act directs 1779

Elevation for the Garden Front of a Villa   Elevazione d'una casa di Campagna dalla parte del Giardino

Plan of the Principal
Floor of a Villa

Pianta del piano principale
d'una Casa di Campagna

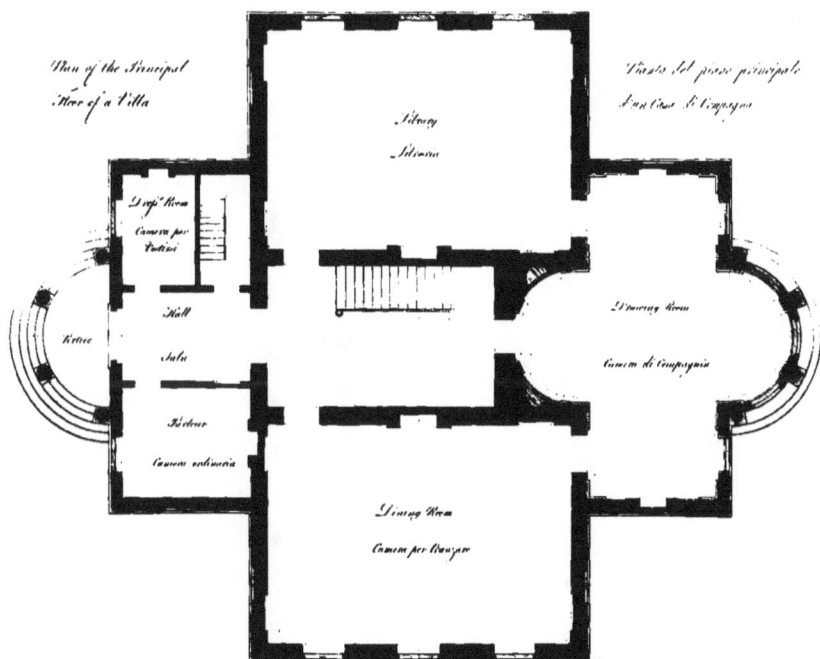

Library
Libreria

Dressing Room
Camera per Vestirsi

Hall
Sala

Parlour
Camera ordinaria

Dining Room
Camera per Pranzo

Drawing Room
Camera di Compagnia

Pl. IV

Elevation of a Villa — *Elevazione d'una casa di campagna dalla parte dell'Ingresso*

Plan of the Attick floor — *Pianta del secondo piano grande o sia dell'Attico*

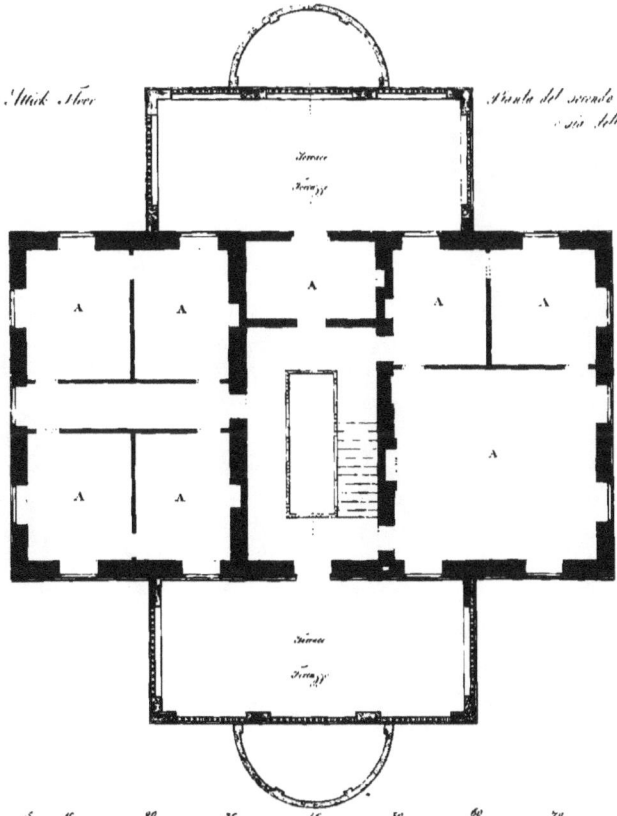

Pl. V

Elevation of the Principal Front of a Villa.   *Elevazione della fronte principale d'una casa di campagna*

Plan of the Principal Floor of a Villa   *Pianta del piano principale d'una casa di campagna*

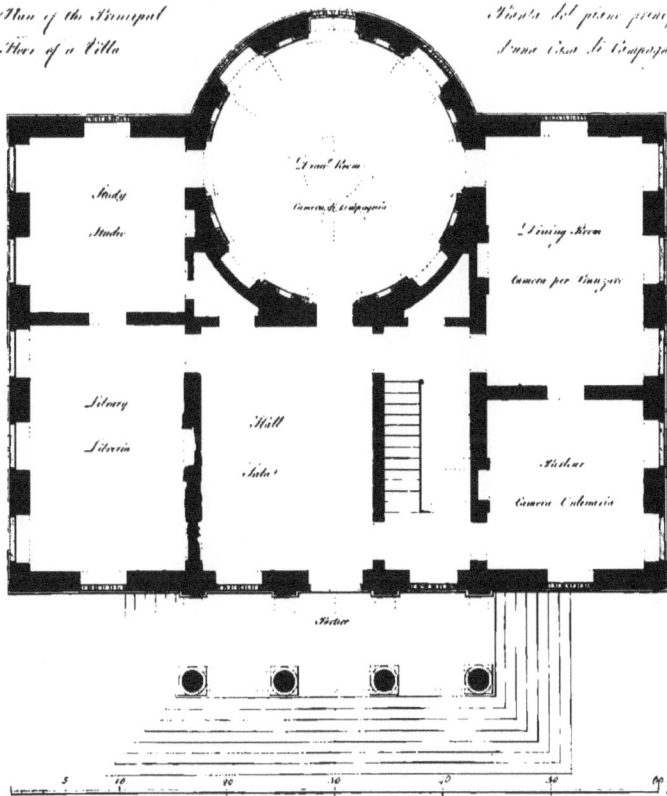

Study / Studio

Drawing Room / Camera di ricevimento

Dining Room / Camera per i pranzi

Library / Libreria

Hall / Sala

Kitchen / Camera culinaria

Portico

Published as the Act directs 1774

Section of Plate the V.   Sezione della Tavola V.

Plan of the Attick Floor   Pianta del piano dell'Attico

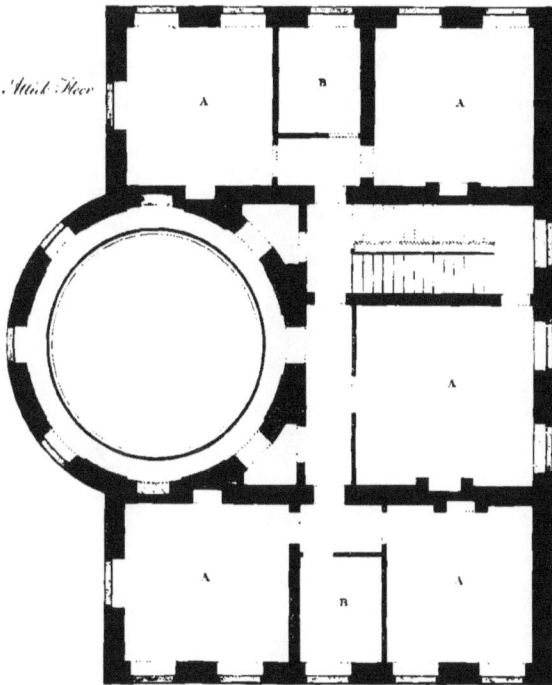

A   B   A

A

A   B   A

R. Adam Archt.   Published as the Act directs 1774   J. Miller sculp.

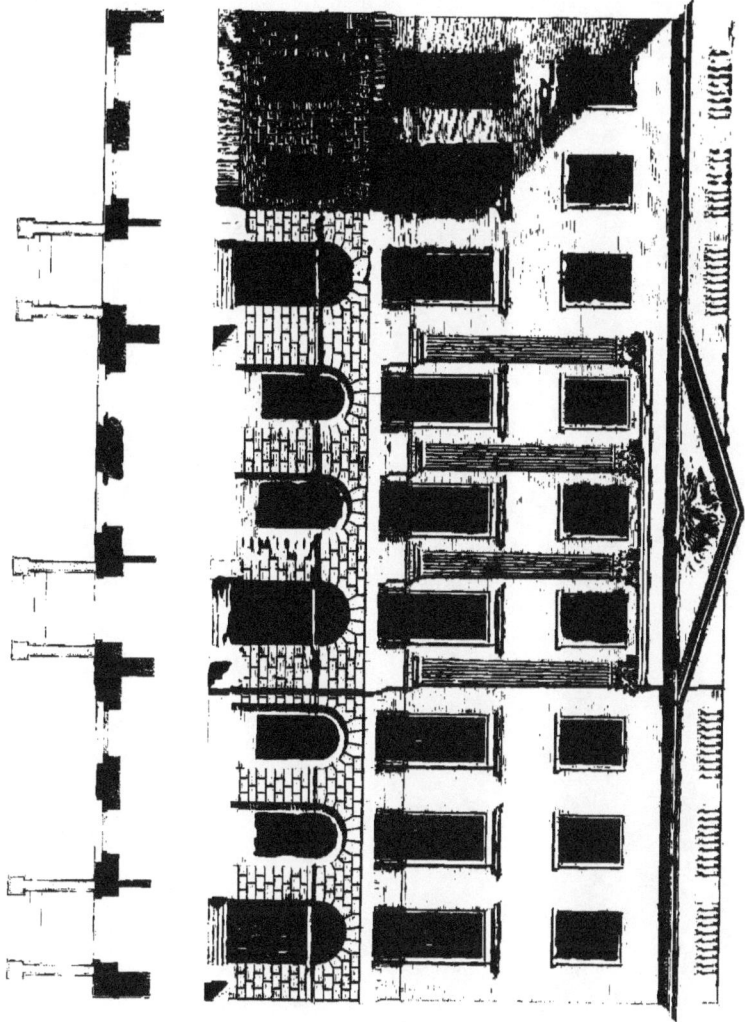

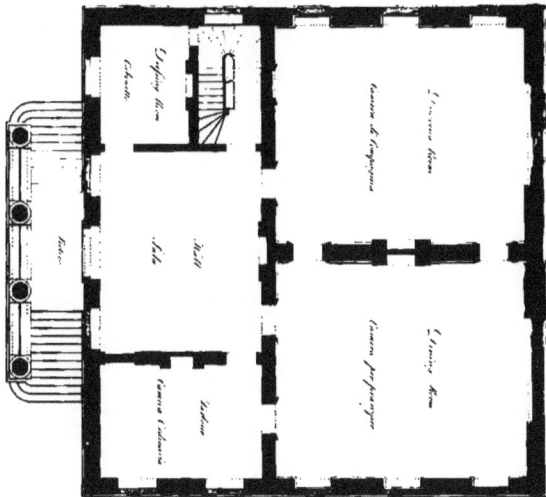

Plan of the Principal Floor of a Villa
— Pian del piano principale d'una casa di Campagna

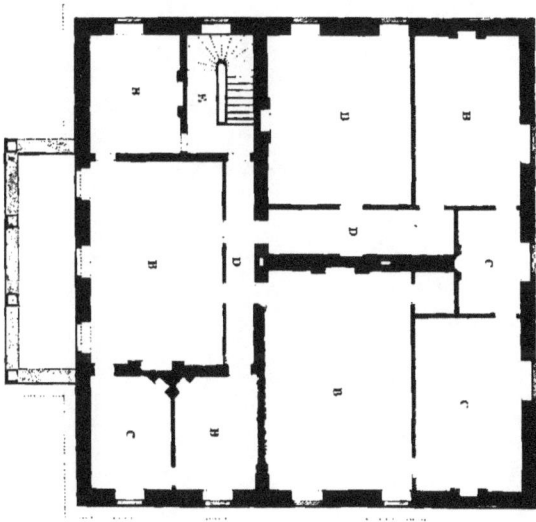

Plan of the Street Floor
Pianta del piano della strada

Pl. VIII

Elevation of the Principal Front of a Villa

Plan of the Principal Floor of a Villa

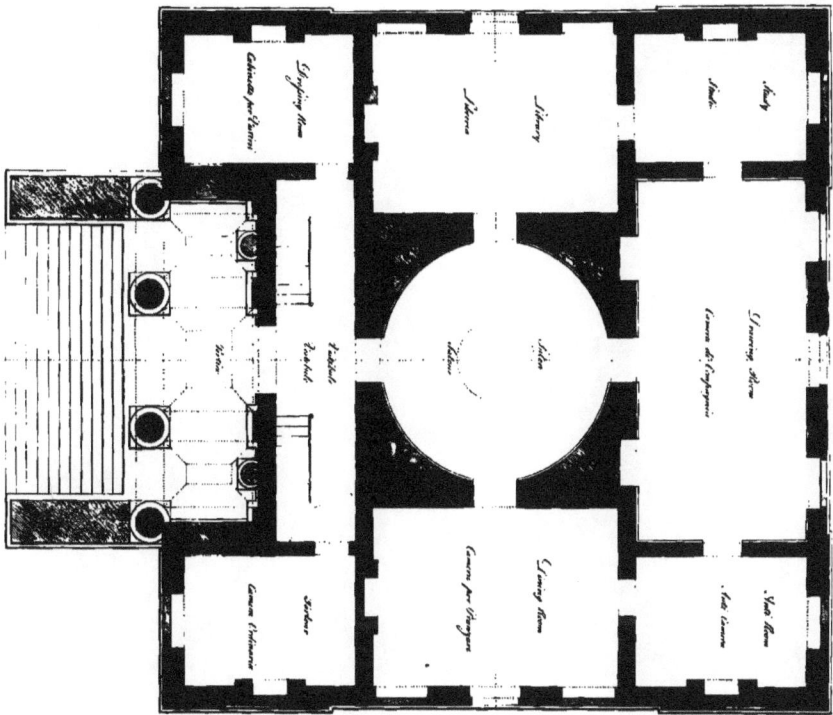

Pianta del piano principale d'una Casa di Campagna

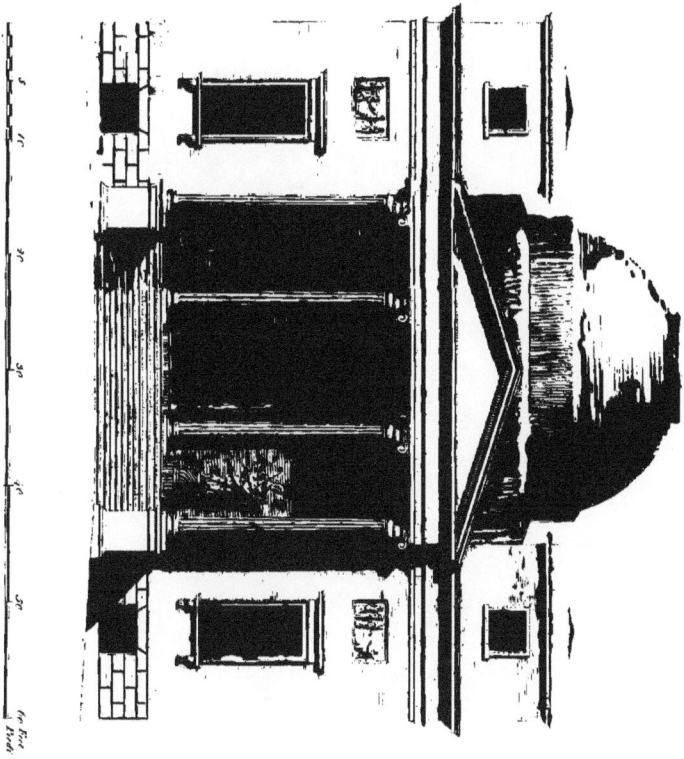

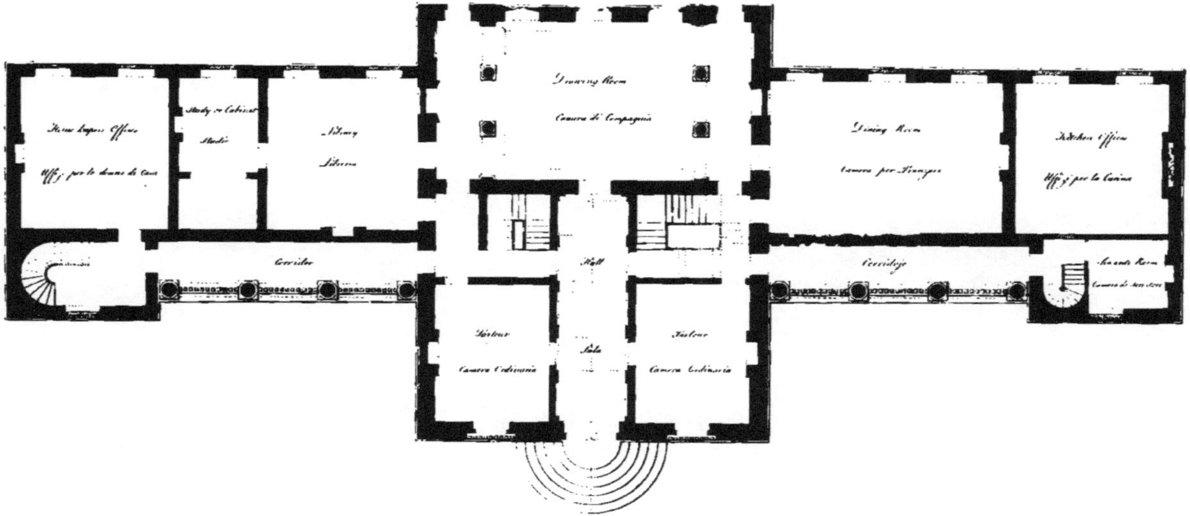
Study or Cabinet
Studio
Library
Libreria
Drawing Room
Camera di Compagnia
Dining Room
Corridor
Hall
Corridojo
Parlour
Sala
Parlour
Camera Ordinaria
Camera Ordinaria

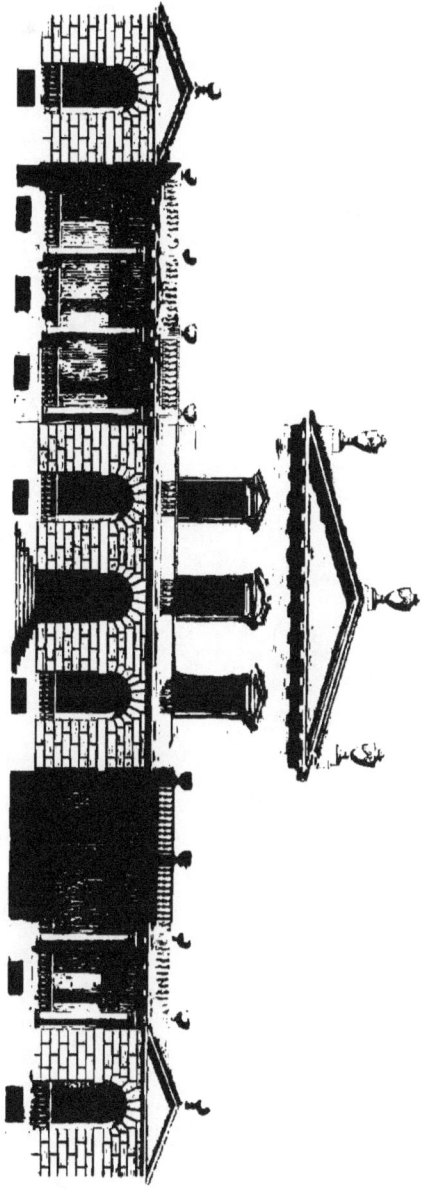

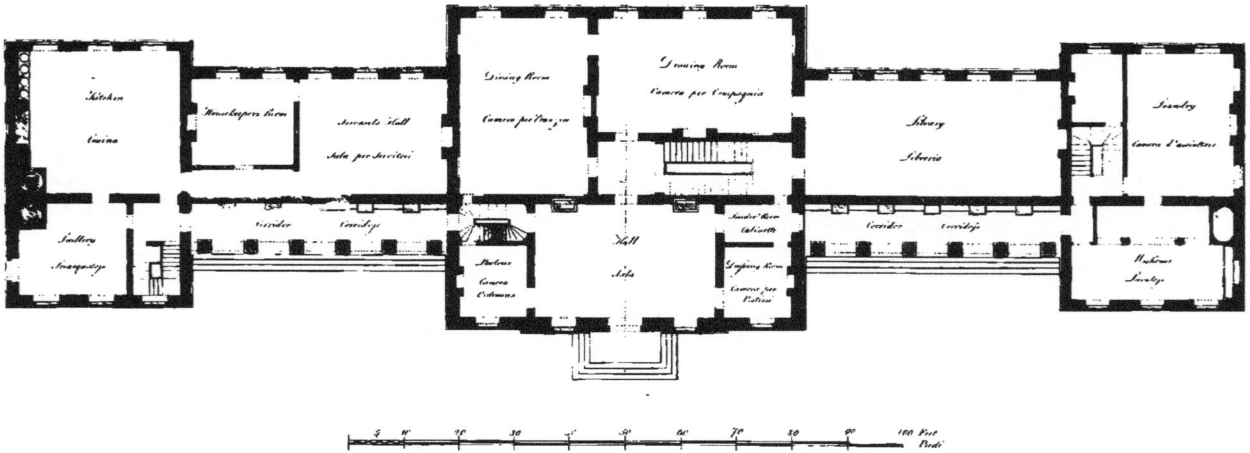
Kitchen
Cucina
Scullery
Housekeepers Room
Servants Hall
Sala per Servitori
Corridor
Corridojo
Dining Room
Camera per Pranzo
Drawing Room
Camera per Compagnia
Hall
Sala
Parlour
Dressing Room
Camera per Vestirsi
Library
Libreria
Laundry
Washroom
Lavatojo
100 Feet
Piedi

Plan of the Attick Floor

Plan of the First Floor

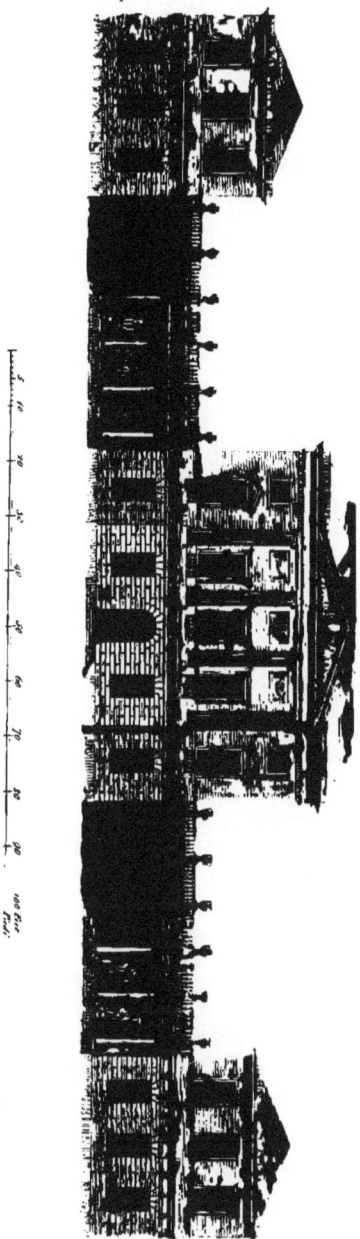

Elevation of the principal Front of a House & Offices designed for a Gentleman.

Pl XVI

Elevation of the Principal Front of the House designed for a Gentleman

Composée del Corpo principale del mezzo duna Casa di Campagna Composta per un Signore Inglese

Pl. XVII

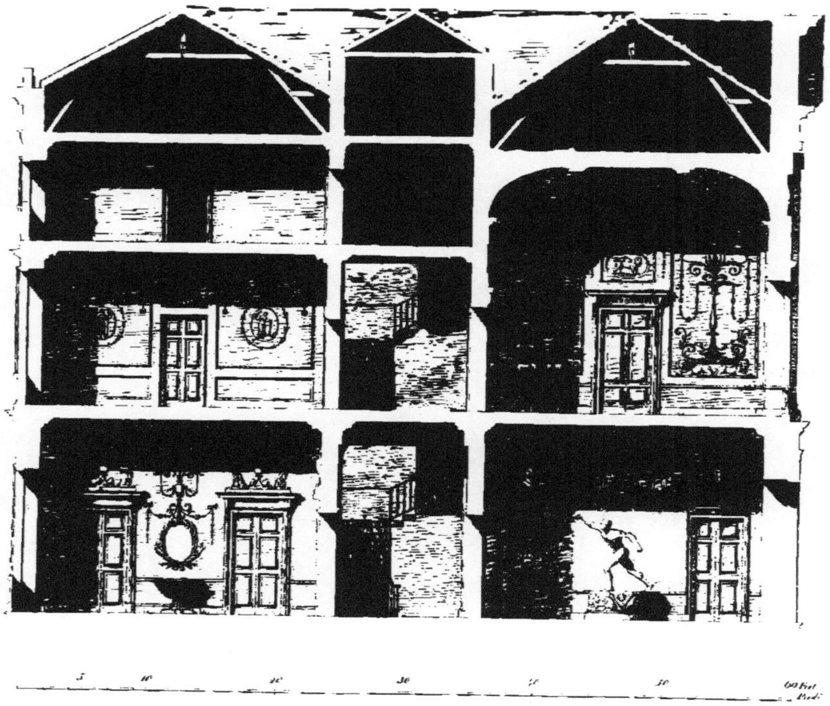

Pl. XIX

Plan of the Ground Floor of a New Theatre designed for the Opera &c.
Pianta del piano terreno d'un nuovo Teatro designato per l'Opera in Londra

Pl. XX

Plan of the Second or Principal Floor of a New Theatre designed for the Opera &c.

Pianta del Secondo e principal piano d'un nuovo Teatro designato per l'Opera in Londra

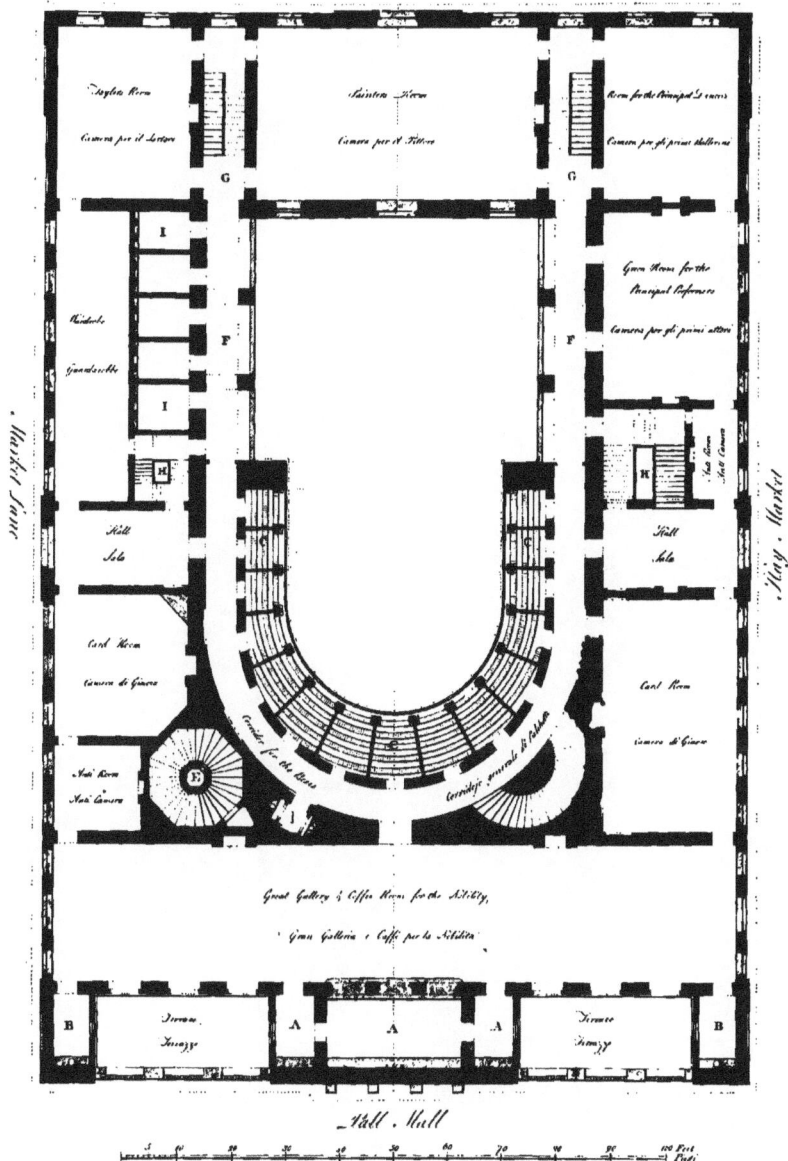

Taylors Room
Camera per il Sartore

Painters Room
Camera per il Pittore

Room for the Principal Dancers
Camera per gli primi ballerini

G

G

I

F

Green Room for the Principal Performers
Camera per gli primi attori

F

Wardrobe
Guardarobe

I

H

Back Room
Sala Camera

H

Hall
Sala

Hall
Sala

Card Room
Camera de Giuoco

Corridor for the Boxes

Corridoje generale li Palchi

Card Room
Camera di Giuoco

Back Room
Back Camera

E

Market Lane

Hay Market

Great Gallery & Coffee Room for the Nobility

Gran Galleria e Caffè per la Nobilità

B

Terrace
Terrazzo

A

A

A

Terrace
Terrazzo

B

Pall Mall

5   10   20   30   40   50   60   70   80   90   100 Feet
                                                              Padi

S. Soane Arch.

J. Roberts sculp.

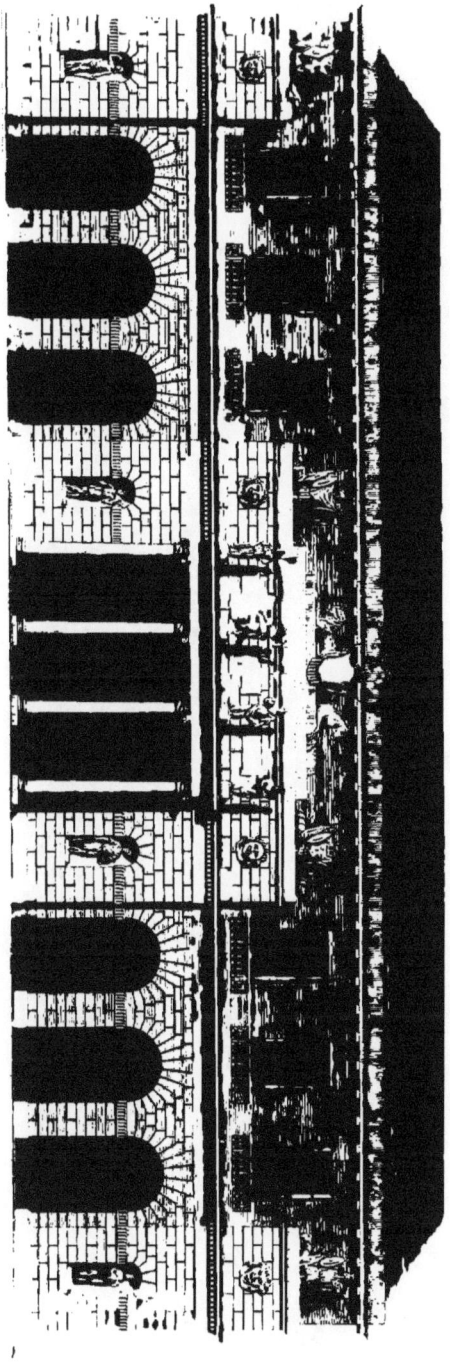

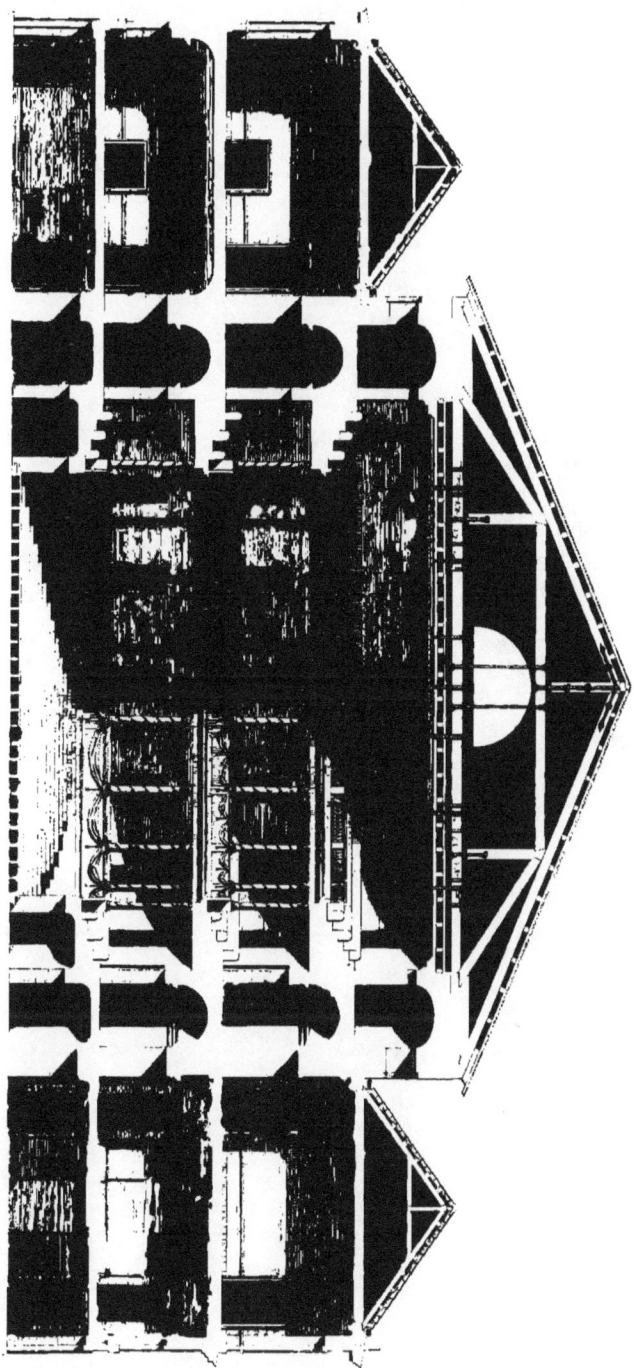

Section of the Theatre &c.   Seccion del Teatro &c.

SUBSCRIBER

A.

CHARLES Andrews, Efq;
Mr. Robert Allam
Mr. William Allen, of Dublin, 4 Books
Mr. Allen, Builder
Mr. J. Allen
Mr. William Adams.

B.

The Right Hon. the Earl of Briftol
The Rev. Dr. Bacchus
Jofeph Blake, Efq; of the County of Galway
Edward Buckley Batfon, Efq;
Edward David Batfon, Efq;
Edward Pery Buckley, Efq;
Cornelius Bolton, Junr. Efq; of Waterford
John Bowdler, Efq;
John Codrington Warwick Bampfylde, Efq;
—— Burch, Efq;
Jofeph Berwick, Efq; of Worcefter
Robert Bourne, Efq;
Thomas Blome, Efq; of Carmarthen
John Barwis, Efq;
Dr. William Barwis, of Devizes
Dr. Browne, of Carmarthen
James Ballard, Efq;
Dr. Bagg
Matthew Bloxam, Efq; 10 Books
Mr. William Bloxam
Mrs. Bloxam
James Byers, Efq; Architect
John Bathoe Efq; of Bath
Thomas Brown, Efq;
Mr. Robert Burton, of Dublin
Anthony Barton, Efq;
Mr. H. T. Brownrigg
Mr. John Bell, Builder
Mr. Beatriffe, of Norwich
Mr. James Brewer
Mr. Barber

C.

The Right Hon. Lady Coventry
His Excellency Signor Cavalli, Venetian Refident
Robert Wilfon Cracroft, Efq;
William Cracroft, Efq;
Henry Collins, Efq;
Sir William Chambers, R. A. Comptroller of His Majefty's Works
George Colman, Efq;
George Carter, Efq; of Galway
Richard Coombes, Efq;
—— Carr, Efq; of York, Architect
John Cowper, Efq;
Signor Tiberio Cavallo, F. R. S.
Mr. John Crunden, Architect
Signor Colomba, Painter to the Opera
Signor Ceracchi, Sculptor
Mr. William Creech
Mr. Thomas Clay
Thomas Creafar, Efq;
Mr. William Clark

D.

Lieutenant Colonel Duroure
Matthew Duane, Efq; F. R. S.
Robert Dingley, Efq;
The Rev. Robert Henry Dingley
George Dance, Efq; R. A. Architect to the City of London

—— Dowfett Efq;
Richard Dalton, Efq; Librarian to His Majefty, 2 Books
Thomas Delamayne, Efq;
Mr. Jacquet Droz
Mr. Hugh Deane, Painter
Mr. Dunlop
Mr. Thomas Dearne
Mr. William Darling
Mr. Francis Davis

E.

Charles Henry Evans, Efq;
Mr. Ebdon, Architect
Mr. Edridge
Mr. Elliott

F.

Keane Fitzgerald, Junior, Efq;
Dr. John Fothergill
—— Freeman, Efq;
James Farrer, Efq;
Thomas Jeffery French, Efq;
Signor Abbate Fontana, &c. at Florence
Signor Vincenzo Ferrarefi, Architect at Naples
Mr. Thomas Fulcher, Builder, at Ipfwich
Mr. Fletcher
Mr. Robert Faulder, 12 Books
Mr. John Fulcher, Builder
Mr. William Flexney, 2 Books
Mr. James Fuller

G.

John Gawler, Efq; 3 Books
The Rev. Mr. Grifdale
John Gorham, Efq; Surveyor
Mr. Jofeph Gribble
Mr. James Gandon, Architect
Mr. Edward Groome
Mr. Robert Golden, Junior, Surveyor
Mr. John Golden
Mr. Gibbons

H.

Henry Hoare, Efq;
—— Hoare, Efq;
—— Horner, Efq; of Somerfetfhire
Samuel Hayes, Efq;
The Rev. Mr. Havard, of Carmarthen
Edward Holme, Efq;
Henry Holland, Efq; Architect
William Harrifon, Efq;
Mr. George Hurft
Mr. Chriftopher Hewetfon, Sculptor at Rome
Mr. Haftings
Mr. Thomas Harrifon, Architect
Mr. John Howe

J.

Thomas Jones, Efq; of Carmarthen
Richard Jupp, Efq; Architect
William Jupp, Efq; Architect
Richard Jones, Efq;
John Jennings, Efq;
Mr. William James

K.

Phillip King, Efq;
John Kinderly, Efq;
Theodofius Keene, Efq; Architect
Mr. Thomas Keene
Mrs. Kitchen

a

L.

...neton Lever, Knight
...el Nicholas Lechmere
...und Lechmere, Esq;
Stephen Martin Leake, Esq;
—— Lewis Esq; 5 Books
Mr. James Lewis, of Brecon
Mr. Thomas Lewis
Mr. Thomas Leverton, Surveyor
Lewis Lochée, Esq;
Mr. Charles Edward Lewis, 4 Books
Signor Lupino, Painter
Mr. Lucas
Mr. Lloyd
Mr. Lyde
Mr. William Leverton
Mr. John Lambert

M.

The Right Hon. James Stuart Mackenzie
Signor Don Francesco Milizia, at Rome
Signor Conte del Medico
Thomas Miller, Esq;
Roger Morris, Esq;
John Matthews, Esq;
The Rev. Mr. Charles Mayo, at Devizes
George March Esq;
—— Manesty Esq;
Graham Myers, Esq; Architect of His Majesty's Works in Ireland
Signor Molini
Mr. Thomas Millar
Mr. William Meredith, Junior
Mr. Mountford

N.

S. P. Nickson, Esq; of Essex
William Newnham, Esq;
Richard Norris, Esq; Architect
Christopher Norris, Esq;
Edward Nichols, Esq;
Mr. Willim Newton, Architect
Mr. Phillip Norris
Mr. William Norris
Mr. John Norris

O.

Baron Offenberg, of Courland
Mr. William Owen, 6 Books
Mr. John Oliver

P.

His Excellency Signor Conte Pignatelli, Envoy Extraordinary for the Two Sicilies
General Paoli
Signor Don Giuseppe Poli
Edward Phelips, Esq;
John Peachy, Esq;
The Rev. Dr. Powell, of Cardiganshire
Thomas Powell, Esq.
Gryffyd Price, Esq;
—— Pryce, Esq;
The Rev. Mr. Samuel Pickering
Mr. Heneage Parker, of Nottingham
Signor Pergolesi, Painter
Mr. Peacock, Surveyor
Mr. Edward Paul

Mr. Patience, Surveyor
Mr. Robert Pool, of Dublin
Mr. William Parry, Painter
Mr. Penrose, of Dublin
Mr. Payne, 2 Books

Q.

Signor Giacomo Quarenghi, Architect to the Empress of Russia

R.

Sir Joshua Reynolds, Knight, President of the Royal Academy
Charles Heathcote Rodes, Esq; of Derbyshire
George Robinson, Esq; 5 Books
Isaac Read, Esq;
Charles Ramus, Esq;
Mr. George Robertson, P. S. A. Painter
Signor Rigaud, Painter
Mr. C. F. Reinhold
Mr. George Richardson, Architect
Mr. Archibald Robertson
Mr. John Roberts

S.

Phillip Stephens, Esq;
James Stephens, Esq;
Joshua Smith, Esq; 2 Books
Drummond Smith, Esq;
Rowland Stephenson, Esq;
Edward Stephenson, Esq;
James Stuart, Esq; F. R. S. Architect, 2 Books
The Rev. Mr. Schomberg
Monf. Seryel, Sculptor to the King of Sweden
James Strange, Esq;
The Rev. Mr. Scot, of Dublin
Mrs. Stephenson
Dr. Spry of Plymouth
Dr. Savage
Mrs. Stevenson
Signor Saftris
Mr. Thomas Scheemaker, Sculptor
Mr. George Sandford, Architect
Mr. Charles Simes, Surveyor
Mr. Slaton

T.

The late Earl Temple
Charles Townley, Esq;
Signor Tomaso Temanza, Architect at Venice
Monf. Le Texier, Director of the Opera &c.
Monf. Le Turk
Mr. Thomas, Surveyor
Monf. Le Torre
Mr. J. Taylor, 12 Books
Mr. William Thompson

V.

Harry Verelst, Esq;

W.

Sir Watkin Williams Wynn, Baronet
Francis Wood, Esq;
James White, Esq;
William Waller, Esq;
Mr. Willmot
Mr. William Wilson, of Dublin, 8 Books
Signor Waldre, Painter
Mr. Wilson
Mr. William Webster
Mr. Wells
Mr. William Warnsley

www.ingramcontent.com/pod-product-compliance
Lightning Source LLC
Chambersburg PA
CBHW022010190326
41519CB00010B/1466